图说
中国古建筑

[故宫]

周乾 著

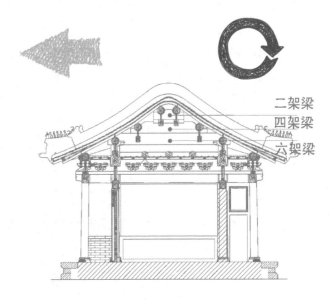

二架梁
四架梁
六架梁

U0325580

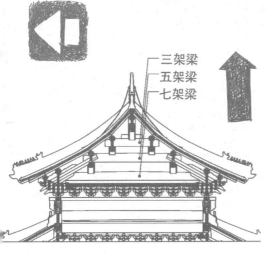

三架梁
五架梁
七架梁

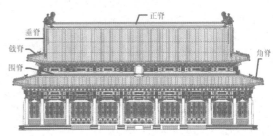

正脊
垂脊
戗脊
围脊
角脊

山东美术出版社
SHANDONG FINE ARTS PUBLISHING HOUSE

图书在版编目（CIP）数据

图说中国古建筑. 故宫 / 周乾著. —— 济南 ：山东
美术出版社，2018.4（2019.8重印）
ISBN 978-7-5330-6774-8

Ⅰ. ①图… Ⅱ. ①周… Ⅲ. ①故宫－古建筑－中国－
图解 Ⅳ. ①TU-092.2

中国版本图书馆CIP数据核字（2017）第298909号

插　　图：肖艳露
装帧设计：李伊
责任编辑：李艺

主管单位：山东出版传媒股份有限公司
出版发行：山东美术出版社
　　　　　济南市历下区舜耕路20号佛山静院C座（邮编：250014）
　　　　　http://www.sdmspub.com
　　　　　E-mail：sdmscbs@163.com
　　　　　电话：(0531) 82098268　传真：(0531) 82066185
　　　　　山东美术出版社发行部
　　　　　济南市历下区舜耕路20号佛山静院C座（邮编：250014）
　　　　　电话：(0531) 86193019　86193028
制　　版：青岛海蓝印刷有限责任公司
印　　刷：华睿林（天津）印刷有限公司
开　　本：710mm×1000mm　16开　9印张
字　　数：108千字
印　　数：5001－8000
版　　次：2018年4月第1版　2019年8月第2次印刷
定　　价：27.50元

目 录

第一章　故宫古建筑简介

故宫

　　故宫，又名紫禁城，是明朝和清朝的皇宫。故宫建于1420年，是明朝的永乐皇帝朱棣下令建成的。故宫是世界上规模最大、建筑等级最高、保持最为完整的木结构古代宫殿建筑群。明清时期，先后有二十几位皇帝在这里面生活过。1911年辛亥革命，故宫里面的最后一位皇帝溥仪宣布逊位，结束了故宫在中国历史上的皇帝统治时期。

　　1925年10月10日，故宫博物院成立，故宫由封建皇室宫殿转变成中国的一座综合性博物馆，也是中国最大的古代文化艺术博物馆。

朱棣像

溥仪像

紫禁城古建筑群

据统计，故宫目前有古建筑 9300 余间。作为世界上独一无二的古代木结构宫殿建筑群，故宫坐北朝南，建筑群气势恢宏而又雄伟壮观，充分体现了古代皇家建筑的气派与威严。

这么多建筑，肯定有数不清的工匠在干活，偷个懒，能有谁知道？

这你就不懂了。故宫当时的施工管理可严了。砖、瓦上面，都要刻上施工方的名字呢。出事直接能找到你，那是要坐牢的，嘿嘿，搞不好，还要掉脑袋呢。

怪不得，故宫的建筑质量这么高，都怕掉脑袋啊。

故宫的建造者巧妙地把人工景观与自然环境因素结合起来，形成一种和谐的氛围。如故宫古建筑群的东、西、南部有内金水河，保证了环境的湿润。故宫内有供帝后休闲的场所，如乾隆花园、御花园、建福宫花园、慈宁花园。这些花园内绿树成荫，假山、流水与休憩的小亭相结合，巧妙地将人工环境融于自然环境中。故宫周边是高高的城墙，城墙之下是护城河，城墙之上是角楼，护城河的堤岸则有成排的绿树。这样一来，蓝天、角楼、城墙、绿树及河水融于一体，形成非常自然、和谐及优美的环境。

太和门广场前内金水河

乾隆花园内假山

御花园内龙爪槐

建福宫花园复建后的游廊

慈宁花园花坛

故宫古建筑和谐的环境

我还是喜欢故宫里的花园，走累了，歇歇，多舒服啊。

当年这都是皇帝、后妃们才能来的，一般人想都不敢想呢。

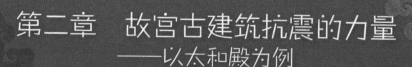

第二章　故宫古建筑抗震的力量
——以太和殿为例

2008 年汶川地震倒塌的教学楼

2008 年汶川某古建筑，大震不倒

　　故宫古建筑群自 1420 年建成至今，经历了有记载的大大小小地震共 222 次，但建筑群至今仍保持整体基本完好，反映出建筑具有很强的抗震性能。

我们就以太和殿做例子吧。

太和殿，俗称"金銮殿"，是明清两代举行盛大典礼的场所，是我国现存古建筑中规模最大、等级最高的皇家宫殿建筑。

太和殿外立面

布局

太和殿平面布置的特点为均匀、对称的长方形，这种布局形式可以避免在水平地震作用下建筑产生扭转，而扭转是建筑最容易产生地震破坏的形式。

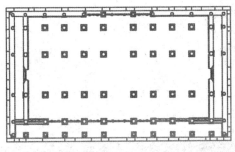

太和殿平面示意图

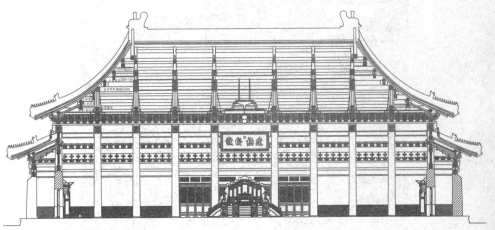

太和殿纵剖面示意图

基础

太和殿的基础包括高台和台基两部分。高台由三层重叠的须弥座组成，"须弥座"是印度佛教用语，原意为宇宙的中心，用于建筑中，意为牢固、稳定。太和殿的高台高达 8.13 米。形成一个平整、均匀的基座。台基也做成须弥座形式。这样，既可以保持稳定，又能隔离部分地震力。

太和殿高台基础

太和殿须弥座台基

柱子

　　太和殿的柱子不插入地底下，而是浮放在一块表面平整的石头上，这块石头称为柱顶石。柱顶石露出在地面，不但可以保护柱根的木材不腐朽，更重要的是可将建筑整体和下部基础断离开来，避免了地震力对柱根产生的折断破坏。

太和殿柱根与柱顶石

太和殿的梁和柱采用榫卯形式连接。即梁端做成榫头形式，插入柱顶预留的卯口中。地震作用下，榫头与卯口产生相对转动。榫头绕卯口转动过程中，与卯口之间存在摩擦滑移作用，可以耗散部分地震能量，减小建筑整体的破坏。

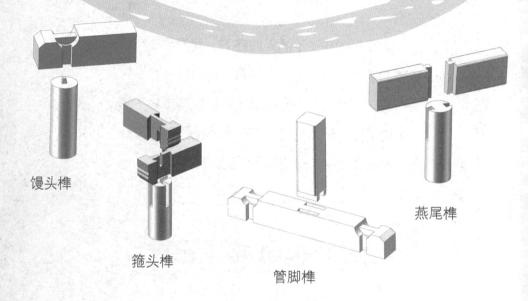

馒头榫

箍头榫

管脚榫

燕尾榫

屋顶

太和殿屋顶厚重，可以减小地震对建筑造成的晃动，好比一个体格强健的人不容易被推倒。同时，厚重的屋顶有利于榫卯节点的挤压和咬合，增强了建筑整体的稳定性。

墙体

太和殿为木构架承重结构，大部分柱子露明，山面及后檐的柱子则被包砌在墙体中。太和殿墙体厚 1.45 米，在地震作用下，部分柱子与墙体相交，柱子产生摇晃时，墙体可阻止其过大摇晃，这有利于建筑整体稳定。由于墙体的抗震性能很差，因此当地震作用很强时，墙体会开裂倒塌，但柱架由于摇晃幅度受到了限制，却最终能够保持稳定状态。这种现象，称为"墙倒屋不塌"。

太和殿内景

太和殿山面及后檐墙体

看来，太和殿的每个部分都有抗震的能力，不是光为了好看啊。

那当然，就跟你手里的乐器一样啊，每个部分都是有用的。

古代的工匠真是伟大！

第三章　故宫古建筑防火的力量

古建筑着火的原因有3种：不小心起火，故意纵火，雷击着火。故宫的古建筑，防火有好多种方法。

一　迷信做法

人们相信，有些超自然的"力量"可以防火。于是，就有了"藻井"和"正吻"。

藻井

藻井属于古建筑的室内装饰，其位置位于明间（就是房屋正中的那间）正中的天花板上。太和殿、养心殿等都有藻井。藻井的中部会伸出一个龙头，嘴里含着一个黑圆球，称为"轩辕镜"。"藻"是海藻的意思，"井"就是井水。所以，安装"藻井"的根本目的就是避火。

23

太和殿藻井

养心殿藻井

正吻

　　我们去故宫参观时，会看到很多屋顶端有一个龙头模样的琉璃饰件，龙头背后还插着剑把。这种装饰被称为"正吻"。"正吻"的目的就是防火。古代人认为，第一个能灭火的神兽就是龙。龙可以喷水灭火。可是龙会飞走，怎么能不让它飞走呢？就用剑插着它的头，将龙头固定在屋顶上，这样龙就可以保护古建筑不受火灾。

故宫屋顶端部的正吻

二 科学防火

我们的先人十分聪明，在故宫建筑中，摸索和采取了很多方法来防火，今天看来，仍然科学且有效。

太和殿历史上至少 5 次遭受火灾，多次殃及后面的中和殿、保和殿。后来，人们就在太和殿墙体两端增建了"卡墙"，可阻挡火势蔓延，因而可称为"防火墙"。

太和殿西侧卡墙

还有一种防火墙，叫作"封后檐墙"或"防火檐墙"，就是把古建筑后檐的门、窗都去掉，只保留墙体。这种做法一般用于故宫内级别低的建筑，以避免火势往外窜。封后檐墙的后面没有门窗，因而不利于采光通风，但在一定程度上可以隔离火源。

封后檐墙

以石代木

　　木材着火点很低，但石材非常不易着火。有些关键部位，故宫就采用了石材。如乾清宫西北侧的凤彩门、端则门。从外观看，它们的梁、柱、枋等都是木头，其实都是用石料雕刻而成的。由于这两个门连着乾清宫西侧长廊的一大片建筑，一旦着火，很可能引起整个建筑群火灾。而采用石质材料后，即使发生了火灾，火势在这两个门廊位置就会受到阻断。

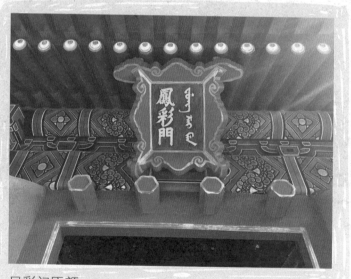

凤彩门匾额

凤彩门石质梁架

端则门匾额

在东六宫，还有一座很奇怪的建筑。它位于延禧宫内，叫灵沼轩，又名水晶宫，是一座由钢结构与砖石结构混合而成的建筑，但并没有完工。为什么会在故宫里面有这样一座风格异类的建筑呢？其原因与火灾密切相关。延禧宫曾连续两次遭受火灾。1908 年，太监小德张跟隆裕皇太后出主意，要盖一座不怕火的建筑。这座建筑主要由钢铁和花岗岩组建而成，共有三层，底层浸泡在水池中，四壁镶嵌玻璃，人在其中，可以观赏四周的游鱼；通过旋转楼梯，观赏者可以上至一层及二层；在二层还有五座铁亭，有利于观赏附近景色。隆裕皇太后将其命名为"灵沼轩"，于是这座西式材料、中式风格的建筑开工了，但是很快辛亥革命爆发，清政府被推翻。1911 年，灵沼轩停工，直至现在尚未完工，因而被戏称为我国历时最长的"烂尾楼"。灵沼轩的建造，可认为是一种科学的防火措施，其原因在于水可以阻挡火源，而钢铁、石材相对于木材而言，很难着火。

故宫灵沼轩

延禧宫烫样

灵沼轩复原想象图

救火方法

　　故宫的古建筑一旦着火了，是需要迅速扑救的。在古代，故宫里面有不少灭火的"力量"。

　　故宫里金水河的水可以用来灭火。

　　故宫里不少建筑附近都有铜缸，铜缸里面平时要存水的。冬天为了防止水结冰，还要在下面生火。一旦建筑着火，需要用铜缸里的水来灭火。

故宫铜缸

井亭的水也可用来灭火。井亭内的井水一般为生活用水，一旦有火灾发生，就会立刻派上用场。

故宫井亭

　　另外，还有好多灭火工具，如水桶、唧筒、水龙等。唧筒很像我们现在用的玩具水枪，滋水效果很好。水龙是清代后期出现的非常有效的灭火工具，反复提杆压杆，把水吸出，并可较远距离喷射至着火点，有利于火灾的迅速扑灭。

唧筒

水龙

另外，清代初年，故宫里就有"防火班"了，这类似于现在的消防队。防火班由体格健壮的太监组成，每天会定期巡查，每年会定期演练。这样一来，故宫里的火灾就逐渐减少了。

还真让你说着了。木结构古建筑最怕的就是火。自打故宫建成以来，火灾有过好多次了。太和殿、中和殿、保和殿、午门、御花园、文渊阁、乾清宫、坤宁宫……都着过火。

每次看到宫殿的那些木柱子，我就琢磨，起火了咋办呢？

哎呀，那故宫里肯定有灭火器，咱们找找。

别瞎扯了，五六百年前，哪有灭火器。故宫防火的招多着呢。

第四章　故宫古建筑排水的力量

故宫古建筑的排水系统十分出色。

故宫排水的总方向是由北向南、由中间向两边。故宫的北门是神武门，其地坪标高比故宫的南门即午门高约 2 米。水自然会由北向南流。故宫里的广场地面和庭院内地面，均为中间高、两边低，中间区域地面的水很容易就能排到两边去。这些排出去的水，会由地面排向明沟，再由明沟排向地下暗沟，由地下暗沟再排向内金水河，内金水河与环绕故宫宫墙的筒子河相连，最后由筒子河将水排出。

神武门北立面

午门北立面

太和门广场

太和门广场东侧排水明沟

故宫西河沿段内金水河

神武门西区的筒子河

院落内地面的排水

　　故宫里面有很多院落，每个院落都是中国北方传统的四合院式建筑。下雨时，屋顶上的水顺着屋檐流到地面，地面是有坡度的，中间高，两边低，水会顺着坡度由高处流到低的地方。再流入两边的雨水口（古人称之为"钱眼"）。雨水口之下为暗沟，水进入暗沟，最终流入了内金水河。

散水

甬路

钱眼

暗沟

城墙排水

故宫古建筑四周有厚厚的高大的城墙，主要是为了抵御外敌入侵。城墙上的路面宽有 5 米，今天，我们可以上城墙参观。为防止雨天城墙积水，沿着城墙每隔一段距离，会设置排水口，并安装排水槽。城墙靠近城门位置，从城墙到地面会有一条较长的斜坡，称为马道。马道的坡度也有利于雨水往下排，并顺着城门处墙底的雨水口排出到地面，再由地面汇入暗沟，最终排向内金水河。

故宫城墙

神武门城墙上走道及城墙侧面排水口

城墙排水槽

马道

马道底部的排水口

雨季前的维修保养工作

　　从古至今，故宫的排水系统会在雨季前进行定期检修保养。如挑挖河道沟渠里的淤泥，清理屋顶排水口和地面的雨水口，疏通排水沟等。

清理屋顶排水口

疏通排水沟

暴雨中的太和门广场

暴雨中内金水河排水

下大雨了，快去故宫划船。

你把故宫当什么地方了，池塘？游泳池？

有一年下大雨，北京不就积水了嘛，有的地方真能划船呢。

故宫从建成，到现在，将近600年了，从来没听说过有严重积水的事儿。

是吗？我不信，我这就去看看……

第五章　故宫古建筑防雷的力量

故宫的古建筑容易遭受雷击。据统计，从建成至今，太和殿、保和殿、乾清宫、慈宁宫、体仁阁、午门、西华门等都遭受过雷击。雷击除了导致建筑物破坏外，还会引起火灾。最严重的一次雷击发生在明嘉靖三十六年（1557年）四月十三日晚七点左右。当时电闪雷鸣，引发大火。大火由奉天殿（今太和殿）烧起，迅速蔓延至谨身殿（今中和殿）、华盖殿（今保和殿）、文楼（今体仁阁）、武楼（今弘义阁）、奉天门（今太和门）、右顺门（今熙和门）、左顺门（今协和门）、午门等建筑，造成三殿二楼十五门全部焚毁。

故宫古建筑为什么容易遭受雷击呢？

一般而言，很容易遭受雷击的建筑物：河、湖、池、沼边沿的建筑物；古河道上部的建筑物和河流桥上的构筑物；房屋局部漏雨或刚修缮的潮湿部位；很高或很孤立的建筑物；高大的树木、旗杆、烟囱等突出物。

　　故宫古建筑大都处于上述环境中。如故宫内有内金水河，四周城墙外有护城河，故宫地下水丰富，宫内有很多水井，这些因素使得故宫古建筑基础总体比较潮湿，因而容易诱发雷击。故宫三大殿位于高高的三台之上，相对于故宫内其他建筑要高很多，因而很容易遭受雷击。故宫屋顶正脊两端都有正吻，屋檐角部都有小兽，这些独立的凸起或起翘部位都是容易遭受雷击的位置。故宫古建筑屋顶有一些金属构件，如铜钉帽、镀金宝顶，很容易在雷雨时接闪。故宫部分位置有高大古树，这些古树遭受雷击时很容易将雷电引到附近的建筑物上去。

故宫东华门段内金水河

故宫神武门西段护城河

故宫内的水井

太和殿三台

古建屋顶的小兽

古建筑瓦面的铜钉帽

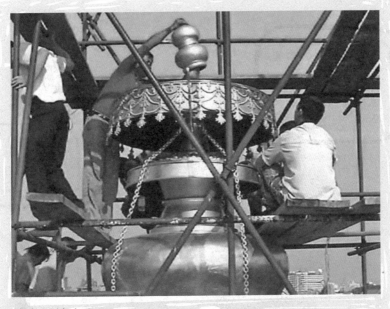

钦安殿镀金宝顶

故宫古树之十八槐

上次说防火，故宫有不少迷信做法。这次说防雷，肯定迷信的做法也少不了。

还真让你说对了。可是，不光有迷信，科学的方法也有啊。

还是先说迷信的吧，好玩着呢。

说点正经的，咱们现在的建筑怎么不学学故宫呢？

你好好学吧，将来能把故宫古建筑里的长处用到现代建筑里。

故宫的古建筑在古代有一些防雷措施。这些措施，既有迷信的做法，也有科学的方法。

故宫防雷的迷信做法

雷神形象的屋顶小兽——行什

故宫的古建筑屋顶都有小兽，且建筑等级越高，小兽的数目越多。但起初小兽的数目不会超过九个。后来太和殿屋顶上放上了第十个小兽，这就与雷击有关。太和殿自明永乐十八年（1420年）建成后，曾多次遭受火灾，且基本上是雷击所致。到清代，康熙皇帝下令将太和殿屋顶的小兽由九个变成十个，增加的这第十个小兽行什，其形象就是上天的雷神。康熙帝的用意很明显：希望把雷神放在屋顶，来请求上天的"关照"。

行什

太和殿瓦顶的小兽

屋顶埋设的宝匣

　　故宫古建筑无论是建造还是修缮，在快要完工时，在屋顶施工结束前，施工人员往往要郑重其事地在屋顶正脊中部预先留一个口子，称之为"龙口"。尔后会举行一个较为隆重的仪式，由未婚男工人把一个含有"镇物"的盒子放入龙口内，再盖上扣脊瓦。这个盒子即为宝匣。宝匣内的"镇物"有金元宝、宝石、铜钱、中药、丝缎、经书等。皇帝希望通过屋顶内的宝匣来驱除包括雷击在内的各种灾难，祈求建筑的稳固及国家的长治久安。但这种在屋顶放置"宝匣"的做法对防雷是无济于事的，因为这并没有将雷电隔离或引入地下。相反，有的宝匣是用铜金属制作的，在雷雨时期还容易导电。比如 1984 年 6 月 2 日承乾宫屋顶正中遭受雷击，主要原因在于屋顶正中的宝匣接闪引起。

太和殿龙口

太和殿宝匣

宝匣镇物之 5 种元宝

宝匣镇物之 5 种宝石

宝匣镇物之 24 枚金币

宝匣镇物之中药

宝匣镇物之丝缎

宝匣镇物之经书

承乾宫

故宫防雷的科学方法

屋顶上的铁链

　　故宫屋顶的吻兽、龙嘴伸出的舌须，用铁链通至地下。很像避雷针。这些舌须由金属构件（如铜、铁）加工而成，最初是为了固定正吻，但由于采用铁链拉接，有的建筑无形中形成了接地装置，巧妙地将雷电引入地下。

铁链在瓦面的末端

固定正吻的铁链

雷公柱

故宫古建筑的木构架有一种做法，就是屋架的最顶部有一根木柱，用以支持屋顶的宝顶，这根木柱被称为"雷公柱"。给这根木柱取这样的名字，反映了古代人对"雷"的敬畏和对防雷的重视。由于雷公柱为木质材料，因而具有绝缘作用，可起到防雷作用。

雷公柱

雷公柱

绝缘材料

故宫古建筑绝大多数构件如台基、木构架、砖墙、瓦件等均为绝缘材料，这对建筑本身的防雷具有一定的促进作用。

太和殿须弥座台基

慈宁宫大修现场的木构架

故宫古建墙体

故宫古建瓦顶

新时代、新方法

1949 年后，故宫古建筑逐步被安装了避雷针和避雷带，这是非常科学的防雷方法。避雷针一般被安放在两端兽头上，高 1.5m 左右，材料为紫铜棒，并巧妙接地。

正吻上的避雷针

宝顶屋顶的避雷针

此外,在正脊、挑檐、垂脊上,采用直径为9毫米左右的铜导线形成避雷带,可有效保护屋檐的小兽免受雷击。

避雷针一般是竖直向上的,只在其根部和引下线相连接,一般是明设的;避雷带一般是水平或倾斜敷设的(根据屋面的倾斜度而定),至少有两个地方(首尾两端)和引下线相连接,可以明设,也可以隐蔽在筒瓦下,以不影响古建的艺术外观。

古建小兽上的避雷带

随着科学发展,故宫古建筑的防雷保护技术越来越先进,近年来还建立了雷电监测系统。所以古代防雷的力量与现代防雷技术的结合,使得故宫古建筑得到了更为有效和全面的防雷保护。

古建城墙上的防雷监测设施

第六章　故宫古建筑构件的力量

从构造上讲，故宫的古建筑由瓦作和木作组成，它们都有着抵抗外力的力量。其中，瓦作主要是指基础、地面、墙体、瓦面等与砖、石、瓦等材料密切相关的工种。

基础由碎砖与灰土分层叠加而成，质地均匀密实，基础为上部建筑提供了支撑力，可避免上部建筑因自重导致的不均匀沉降。

故宫前朝三大殿的基础地面部分，有着厚厚的土台，称为"高台"。高台的土可以将地底下传来的地震力峰值过滤掉，减小了传到上部建筑的地震力，因而基础可被认为提供了阻隔力。

太和殿三层土台

故宫古建筑基础的最上层，是柱顶石。故宫古建筑的柱子是平摆浮搁在柱顶石上的。地震发生时，柱底与柱顶石之间产生摩擦滑移，以减小柱底受到的地震力，因而柱顶石提供了摩擦力。

柱底与柱顶石

地面

故宫前朝三大殿的地面，称为金砖地面。这种地面因浇筑了桐油，数百年光亮如新。另之所以称为"金砖"，是因为这种砖材料取于苏州相城的澄泥，烧制工艺复杂，达39道工序，成品出产率低，造价昂贵。在明代，一块金砖值二两黄金。

太和殿金砖地面

墙体

故宫古建筑的墙体包括建筑本身的墙体、宫墙及城墙。故宫建筑的后檐及山面（即建筑短边）均有墙体。这些墙体主要起到保温隔热作用，它们提供的力量称为"阻隔力"。

故宫后檐墙体

故宫墙体上，在柱子对应的位置，都安装有带有雕刻纹饰的砖，这种砖称为"透风"。透风一般在墙体上下端都布置，其主要目的是形成空气的对流，以保证墙体内部的木柱保持充分干燥，减小这些木柱变得潮湿甚至糟朽的可能性。这种力量称为"疏通力"。

故宫墙体上的透风

宫墙

　　故宫内的宫墙，下部分为工艺精细的砌墙做法，称为下碱；上部分则在墙体表面抹灰，称为上身。宫墙的下碱部分的砖层支撑着上身，因而提供了支撑力；上身部分的抹灰将墙体包裹在里面，称为"包裹力"。

　　故宫四周有着高高的城墙，城墙的砖与灰浆牢牢黏结在一起，形成了故宫的坚固屏障。这种力量可称为"防护力"。

故宫东华门段城墙

瓦

　　故宫的瓦大多数为琉璃瓦，一般为粘土瓦烧造而成，其外表包裹一层黄色或绿色釉面。釉面层可保护瓦件免受破坏。釉面层提供的这种力，可称为"包裹力"。

黄色琉璃瓦

绿色琉璃瓦

琉璃瓦下面为厚厚的望板灰，其主要目的是保温隔热，使屋顶部位保持冬暖夏凉。望板灰提供的这种力，我们称为"阻隔力"。

屋顶灰背

铺瓦的泥把瓦与望板灰黏结在一起，使得瓦件牢牢固定在屋顶，这种力称为"黏结力"。

瓦顶施工

故宫古建筑的砖瓦都有很强的力量呀！砖石通过与灰浆的黏结力、疏通力、支撑力、包裹力来保证古建筑的整体稳定性，瓦件通过与泥背的黏结，表面的包裹来保障与屋顶连接的可靠性。

是的，不光是瓦石部分，故宫古建筑的木作部分也有很强的力量，我们继续往下看吧

柱、梁

柱、梁：这些构件提供的力量包括支撑力和拉接力。

故宫立柱

　　位于梁架内的柱子，高度比较小，可称为瓜柱或柁墩，其主要目的是支撑梁。这些柱子，亦提供了支撑力。

　　在梁架中，梁的主要作用就是支撑上部的瓜柱和柁墩，因而梁也提供了支撑力。

瓜柱与柁墩　　　　　　　　　　　梁

斗拱

　　斗拱不仅支撑上部的梁架，而且在地震时，斗拱各构件的互相挤压、摩擦运动，可耗散部分地震能量，减轻了建筑结构的破坏。因而斗拱提供了挤压力、摩擦力和支撑力。

　　斗拱产生松动时，采用铁件将斗拱各层加固，使之牢固。铁件提供的力量称为"紧固力"。

扁铁加固斗拱

檁枋

檁枋可将构架在纵向拉接在一起。这样有利于避免大木构架产生侧向失稳，因而提供的是拉接力。

起纵向拉接作用的檁枋构件

故宫古建筑的木构件也有很强的力量啊。

是的，故宫古建筑木构架通过梁、柱的支撑力，榫卯的咬合力，斗拱的挤压力，檁枋的拉接力，组成了一个牢固可靠的整体；利用铁件尺寸小、强度高的优点，对木构件提供包裹、拉接、支撑等附加力，提高了木构架的受力性能。

第六章 故宫古建筑构件的力量

第七章 故宫古建筑的布局

故宫古建筑布局的核心字是"中"

"中"代表中心、中央，既反映建筑的重要性，又体现建筑的宏伟、对称之美。

故宫位于北京的中心区域，在故宫的中轴线上，排列的都是非常重要的建筑，如皇帝举行重大仪式的三大殿：太和殿、中和殿、保和殿；皇帝和皇后起居的后三宫：乾清宫、交泰殿、坤宁宫。其他相对不重要的建筑，依次布置在中轴线的两侧。

故宫前朝三大殿立面

紫禁城在北京的位置（虚线为中轴线）

故宫后三宫立面

阴阳协调的布局

　　古人认为，在建筑方位上，南、东代表阳，北、西代表阴。在建筑外形上，阳代表雄伟、挺拔；阴代表蕴藏、内敛，阴阳有序结合，形成一种协调之美。

　　根据这个方位原则，故宫东边的建筑主要是皇太子生活的场所。西边的建筑主要是皇太后生活的场所。南边的建筑主要是皇帝举行重大仪式的场所。北边及两侧主要是皇帝、皇后及皇帝后妃生活的场所。

位于紫禁城东侧的南三所

位于紫禁城西侧的慈宁宫

位于紫禁城南侧的午门

位于紫禁城西北侧的西六宫

三大殿的建筑高大、壮丽，体现着阳刚之气。后三宫及两侧建筑，建筑体量较小，含蓄，体现阴柔之美。

对称的布局

这种对称，包括建筑总体布局的对称，建筑本身布局的对称以及建筑命名的对称。

故宫中每座建筑的平面，都是均匀对称的，一般以长方形居多，比如太和殿的平面形状就是长方形。

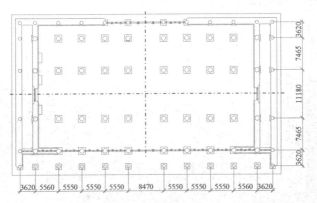

太和殿平面布置图（单位：毫米）

　　紫禁城内，东西两侧的建筑大都是以中轴线为对称轴排列的，这些建筑不光外形相同，而且名字也相互对应。比如，东侧的武英殿对应的西侧是文华殿。这两座建筑不光外形基本相同，在名字上，"文""武"对应。

武英殿立面

文华殿立面

又如，乾清宫东西两侧各有一个门廊，东侧的叫作龙光门，与之对应的西侧门廊叫作凤彩门。这两座门廊在外形上相同，在名字上，"龙""凤"对应。

龙光门匾额　　　　　　　凤彩门匾额

再如，御花园东侧有座亭子叫万春亭，与之对应的西侧也有做亭子，叫作千秋亭。这两座亭子在外形上基本一致，在名字上"万"和"千"、"春"和"秋"——对应。

万春亭立面

千秋亭立面

你在读啥？

人法地，地法天，
天法道，道法自然。

老子的《道德经》啊，
你手里拿的是故宫的游
览图吧？有人说，故宫
的布局是根据《道德经》
来的，我正琢磨呢。

琢磨明白了吗？

不明白，等你
讲给我听呢。

第八章　故宫古建筑的构造之美

　　故宫古建筑从构造上讲，包括基础、柱、门窗、斗拱、屋顶等几个部分，下面重点讨论屋顶、斗拱、门窗之美。

　　故宫古建筑屋顶可分为硬山、悬山、歇山、庑殿、攒尖等 5 种形式。

　　硬山屋顶即仅有前后两个坡，且山墙不露出檩枋构件，共有 1 条脊的古建屋顶类型。

景运门东硬山屋顶

悬山屋顶也仅有前后两个坡，但山墙露出檩枋构件。

军机处章京值房悬山屋顶

庑殿屋顶是指有 4 个坡的屋顶，共有 5 条脊，俗称"五脊殿"。

太和殿庑殿屋顶

歇山屋顶由上下2部分组成，上部类似于悬山顶，下部类似于庑殿顶，共有9条脊，俗称"九脊殿"。

箭亭歇山屋顶

攒尖屋顶是指屋顶的各个坡向上延伸，攒在一起，最终都在顶部交汇，顶部则称为"宝顶"。

中和殿攒尖屋顶

故宫古建筑的屋顶形式多样，造型优美。故宫古建筑屋顶整体较高，有利于阳光照射到屋檐下的室内空间。而屋檐在中间平直，向两端则逐渐起翘，向天空延伸，形成反宇之势，体现与天宇的融合之美。故宫古建筑屋顶以黄色的琉璃瓦为主，在阳光下金光闪耀，使得整个故宫表现出华丽庄严之美。

太和殿屋檐起翘

斗拱是位于古建筑柱顶之上、梁架以下的部分。斗拱由斗、拱、翘、升等很多小尺寸构件由下至上层层叠加而成。故宫古建筑的斗拱一般按位置来分类，比如位于两根柱子之间的斗拱，称为平身科斗拱；位于非转角部位，且在柱顶之上的斗拱，称为柱头科斗拱。

太和殿一层平身科斗拱

太和殿一层柱头科斗拱

斗拱一般由中心向外出挑，称为"出踩"，出挑一次称为"三踩"，出挑二次称为"五踩"，出挑三次称为"七踩"，依次类推，故宫古建筑的斗拱最多出挑至九踩。

太和殿二层平身科九踩斗拱

斗拱之美表现在哪里呢？

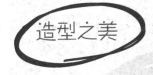

造型之美

斗拱的造型之美表现在三个方面，其一是斗拱整齐有序之美。斗拱外形的曲线整齐划一、弧度优美，给人以极强的艺术感和节奏感。

其二是斗拱均匀对称之美。斗拱的均匀、对称给人以舒适、愉悦的感觉，并表现出富有中国古建筑特色的艺术之美。

其三是斗拱统一协调之美。统一性在视觉上给人以抽象的整体之美。协调性形成完美过渡，既能反映屋架简洁明确的特征，又可体现斗拱自身优美的造型。

太和殿屋檐－斗拱－柱

结构之美

　　斗拱的结构本身平衡而又对称，显示出稳固之美。斗拱构件之间的摩擦运动可以抵消部分外部作用，减小甚至避免了建筑整体的破坏，体现了韧性之美。

色彩之美

在柱顶与屋顶的暖色调之间采用冷色调的青、绿色斗拱，有利于色彩的过渡和协调，并且丰富了故宫古建筑的整体视觉效果。

神武门斗拱

什么是古建筑的构造呢?

古建筑的构造就是指古建筑由哪些部分组成的,比如人的构造是由头、身体、四肢组成。

古建筑的构造能够反映古建筑的美吗?

让我们来拿斗拱举例。

故宫古建筑的门窗可统称为装修。

故宫古建筑的窗有许多种类，如按位置不同可分为槛窗、横陂窗、象眼窗、风窗等。

槛窗即位于槛墙上的窗，也就是位于建筑前后檐墙体上的窗。

保和殿前檐槛窗

位于隔扇或槛窗之上的窗为横陂窗，这种窗不能开启，主要起采光作用。

保和殿前檐横陂窗

象眼窗用于山墙。

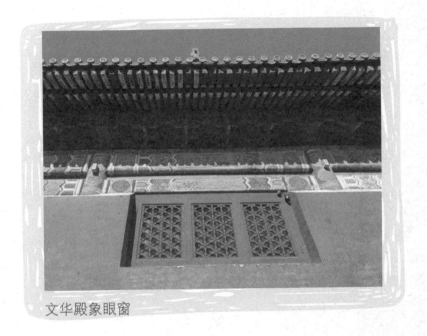

文华殿象眼窗

　　风窗是位于窗户外面的窗，主要起防风保护作用，其特点是窗棂稀疏。

咸福宫东配殿风窗

按样式的不同，故宫古建筑的窗还可分为菱花窗、支摘窗、什锦透窗、直棂窗等种类。

菱花窗的芯做成菱花形式，可包括三交六椀及双交四椀两种。

中和殿三交六椀菱花纹槛窗　　　　　　后右门双交四椀菱花纹槛窗

支摘窗分为内外两层，外层可分为上下两段，上段可向上支开，下段可以摘下，窗格雕刻有不同图案。

绥福殿支摘窗

什锦透窗形状不规则，可以做成各种什锦花样，多用于故宫内的花园。

竹香馆围墙什锦透窗

直棂窗窗格以竖向直棂为主，上下两头穿以横向木条，多用于次要建筑或附属建筑。

衣库直棂窗

按形式的不同，故宫古建筑的门，可分为实榻门、棋盘门、隔扇门、屏门等。

实榻门就是用实心厚木板拼装起来的大门，其外部可设有门钉，防卫性较强，一般用于城楼的大门，如午门；或重要宫殿前的门庑，如太和门。

太和门实榻门

棋盘门的四边用较厚的边抹攒起外框，门心装薄板穿带，一般用于故宫内院墙小门。

正面　　　　　　　　　　　　　　　　　背面

棋盘门

隔扇门是故宫内古建筑的门的主要形式，主要指安装在柱子之间的，起分隔室内外空间的装饰性门，由外框、隔扇心、裙板和绦环板组成。

咸福宫东配殿隔扇

屏门是一种用较薄木板拼装起来的镜面实心板门，其主要功能是遮挡视线、分隔空间，多用于垂花门的后檐或院子内隔墙的随墙门上。

坤宁宫东北随墙屏门

　　垂花门就是位于四合院内的门，作为内宅与外宅的分界线和唯一入口，其外观特点为檐柱不落地。

慈宁宫院内东垂花门

故宫古建筑的门窗之美

寓意之美

门窗上不同图案寓意不同。如三交六椀菱花寓意天地之交而生万物，斜交方格寓意财富源源不断，直方格寓意公平正直，古老钱菱花寓意招财进宝，步步锦寓意事业进步，卐（万）字形寓意万寿无疆等。

太和殿三交六椀隔扇心

慈宁宫东庑斜方格纹隔扇及槛窗

乾清宫正方格纹槛窗

养心殿古老钱纹隔心

坤宁宫东庑步步锦纹槛窗

绛雪轩万字纹槛窗

装饰之美

　　故宫的门窗为装饰构件，其装饰内容丰富，形式多样。如在门窗上安装金属包叶，包叶既有装饰作用，还可以保护木构件使之不松散。又如隔扇裙板可做成多种形式，比如，重要宫殿建筑，其隔扇裙板一般做成龙凤纹雕刻形式；对于普通建筑的隔扇，其裙板可做成如意头或夔龙纹形式。再如部分室内隔扇（窗），采用了吉祥动物、花卉或生活图案，既能满足分割空间要求，又能增添情趣，从而体现装饰之美。

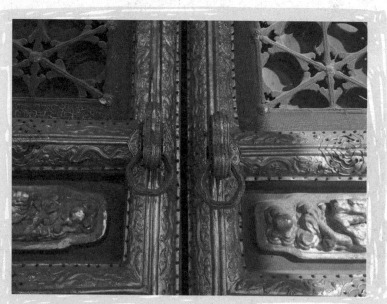

太和殿隔扇上的鎏金包叶

太和门实榻门包叶

交泰殿隔扇裙板上的龙凤纹

如意头裙板

夔龙纹裙板

建福宫描金漆花鸟图隔扇裙板

符望阁紫檀雕花草嵌玉槅扇窗

艺术之美

　　故宫古建筑的门窗是建筑整体的重要组成部分，不仅能满足分割空间、采光通风要求，而且视觉效果上给人以美的感受。从艺术角度而言，故宫古建筑的门窗位置具有均衡性、对称性，门窗的尺寸大小及位置分布合理，符合建筑整体的整体美学要求。当建筑门窗闭合时，巧妙地分割了空间，给人以神秘、含蓄的美感；而当它们开启时，则与内外空间融为一体，这样一来，给人以统一、协调的美感。

故宫隆宗门装修的均衡性与对称性

故宫古建筑的屋顶、斗拱、门窗等构造，不仅有实用的功能，而且包含了很多值得欣赏的美。

是的，这反映了古代劳动人民具有丰富的想象力和高超的建筑水平，值得我们去学习。

第九章　故宫古建筑的色彩之美

方位不同，色彩不一

　　故宫古建筑的色彩丰富多样，极具特色。在故宫，东、西、南、北、中，各个方位的古建筑，有着各自对应的屋顶色彩。

　　代表中心、中间、中轴的意思，是最重要的方位。故宫内最重要的建筑布置在中轴线上。"中"对应的色彩是黄色。黄色是最重要的颜色，代表着皇权。故宫古建筑中，大部分尤其是位于中轴线的重要建筑，屋顶瓦的颜色都是黄色的。

故宫古建筑群屋顶

东

　　是太阳升起的方向，有春天生长之意。从功能上讲，故宫东部区域的建筑群主要是皇子们生活的地方。从屋顶瓦面颜色来看，该区域主要以绿色为主。绿色象征着万物成长，而在阳光沐浴下，万物能更加健康、茁壮地成长。皇帝将皇子们的居所安排在建筑区域的东部，寓意温和之春，皇子们犹如草木萌发，生机无限。

故宫东区南三所

西

是太阳落山的方向，有秋天收获、圆满之意。从功能上讲，故宫西部区域的建筑群主要是皇太后、后妃们生活的地方。其屋顶瓦面颜色为金黄色。其主要原因在于，金黄色有"金秋"之意，而秋天是收获的季节，万物会有丰硕的成果。皇帝把皇太后、后妃们的居所安排在建筑区域的西部，寓意深刻。对于皇太后而言，她们一生圆满，已经到了"收"的阶段，可安度晚年；对于妃子们而言，她们能够为皇帝生儿育女，结出生命的果实，有利于皇家子孙繁茂、多子多福。

故宫西六宫区域

南

对应的颜色为红色，有夏天红火、赤热之意，亦有防护、守卫之意。故宫南面的建筑主要指午门，其屋顶瓦面为黄色，但是其承台的颜色为红色。从功能上讲，午门是故宫的正门，其城楼在高高的承台之上。承台表面饰以红色，既显得威严与庄重，又衬托了午门城楼的雄伟与高大。

午门城台及城楼

北

　　代表冬天的方向，亦寓意水，有"收纳、灭火"之意。故宫北侧屋顶瓦面的颜色为黑色。如神武门是故宫的北门，尽管神武门的瓦顶颜色是黄色，但是神武门内值房的瓦面颜色为黑色。文渊阁是皇帝藏书的地方，为了防止着火，文渊阁的屋顶采用黑色瓦面。

神武门内值房瓦面为黑色

文渊阁外立面

单体建筑的色彩：太和门

故宫的单体建筑，其部位不同，采取的色彩不同，突出的主题也不同。

太和门的瓦面是黄色的。平民百姓的屋顶瓦面颜色就不能用黄色，一般用黑色。

太和门瓦顶

民间瓦顶

屋檐

主要是指梁枋与斗拱，它们的颜色是青绿色的。青绿色属于冷色调，显得轻盈而遥远，能给厚重的屋顶以轻松感。

太和门梁枋及斗拱

天花板

太和门的天花板颜色以青绿色为主。给人以安静、沉稳的感觉。同时，也显示出建筑空间内部的高深与宽阔。

太和门天花板

柱架和墙体

其颜色为红色的。红色给人充实、稳定、有分量的感觉。从功能上讲，墙体对建筑起到维护作用，柱子则是支持建筑屋顶的重要构件。可以看出，二种构件均能起到对建筑的防御、保护作用，其颜色采用红色，因而有利于体现阳刚之气，护卫皇家建筑之意。

太和门立柱

台基和栏板

其颜色为白色。白色是高雅、纯洁与尊贵的象征，采用的汉白玉材料，更加突出了建筑本身的高贵之处。

太和门台基及栏板

地面

　　太和门地面的颜色是灰色的。这种灰色位于各种色调中间，并融合于各种色调中，形成了很好的补色效果。同时，灰色地面与白色栏板亦形成鲜明的对比，使得同样为中间色调的白色获得了生命。

太和门照片

　　整体来看，蓝天下，太和门的黄瓦、绿色屋檐、红色柱子、白色台基、灰色地面，各种色彩巧妙对比运用，给人以雄伟壮丽的感觉。

色彩的和谐之美

色彩协调

　　故宫的色彩搭配极有学问。室外采用红、黄为主的暖色，室内采取以青、绿为主的冷色。冷暖色调的协调，不仅有利于突出建筑的功能，而且有利于增强整体外部空间的立体感以及建筑室内的舒适感。另外，冷暖色调的协调运用，使得建筑外部在阳光照射下产生反射效果，而建筑内部则产生吸收效果，使得建筑使用者产生不同的视觉感受。这样不仅利于突出建筑的艺术之美，而且保持了不同色彩之间的和谐。

色彩互补

　　色彩互补的主要作用在于增强建筑的整体形象，突出建筑的功能，同时满足人体视觉的平衡。故宫古建筑群在一些部位巧妙地使用了色彩互补方法。如宫墙，在红墙与黄瓦之间采用了绿色的冰盘檐。红、黄均为暖色调，通过冷色调来进行过渡，使得红、黄两种色调的衔接不再显得生硬。

又如，故宫古建筑隔扇和槛窗（指槛墙上的窗，槛墙是位于古建筑前后檐的矮墙）的棱线上采用了金线。这是为了实现红色与黄色的协调与过渡，并且使得整个建筑产生流光溢彩的效果。

宫墙

神武门槛窗上的金棱线

色彩比例

　　不同颜色，在故宫古建筑群中的比例不同。红色和黄色的采用比例最高，在故宫古建筑群中得到大规模应用，这才形成了故宫华丽、庄严与雄壮之美。

太和殿广场全景图

第十章　故宫中轴线古建筑欣赏

　　到故宫的游览者，大都沿着中轴线一路参观欣赏。我们就按照这个顺序，从南向北，为大家展示故宫中轴线建筑的整体特色。这些古建筑包括：午门、太和殿、中和殿、保和殿、乾清宫、交泰殿、坤宁宫、钦安殿、神武门。

　　上述建筑在故宫平面中的位置见下图：

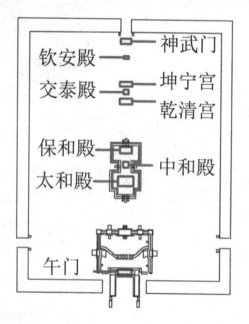

中轴线主要建筑

午门

午门位于故宫的南端，是正门。它建于明永乐十八年（1420年）。平面呈"凹"字形，类似大雁展翅，因此又称"雁翅楼"。正中城楼为面阔9间，进深5间，重檐庑殿式屋顶，是故宫中最高的建筑。午门城台中间开3个门洞，两端的门称"掖门"，仅在重大活动时开启。

午门是皇帝登基、出巡、节日赏赐臣子等举行重大典礼活动的场所，是皇帝颁布各种诏书、诏令之处。也是皇帝惩罚官员的场所（在午门外御道东侧）。有传言说古时候朝中官吏犯了大罪，被皇帝责令"推出午门斩首"。其实午门从来不是斩首之处。在明代，只是在午门用行杖惩罚官吏。但由于行杖包有铁皮和尖钩，因此会出现打死人的情况。

明清时期，犯人若被处死，一般会在今天北京的西四或菜市口执行。

午门是故宫的大门，在整体上给人以威严、刚性之美，并充满着防御的特色。

午门

太和殿

太和殿俗称"金銮殿"，始建于1420年，后历经数次火灾，现存建筑为1697年（清康熙三十六年）复建后的形式。太和殿面阔11间，进深5间，重檐庑殿式屋顶，是我国现存规模最大、建筑等级最高的宫殿建筑。

太和殿是明清皇帝举行重大典礼的场所，如皇帝即位、皇帝大婚、册立皇后、命将出征等。

很多古装剧都说太和殿是皇帝上朝（办公）的地方，其实是错误的。皇帝上朝一般在太和门、乾清门、养心殿等处。

太和殿是明清皇家权力的象征，高大、雄伟、壮丽、高贵。

太和殿

中和殿

中和殿始建于 1420 年，明代嘉靖时期（1522–1566 年）曾遭遇火灾并重修。建筑平面呈正方形，面阔、进深各为 3 间，单檐四角攒尖，中间最高处安装有镀金圆形宝顶。建筑取名"中和"，意为办事不偏不倚，各方面才为和顺。太和、中和、保和三大殿中，唯有中和殿可供皇帝一人静静思考。

中和殿是皇帝去太和殿参加大型庆典前休息的地方。凡遇到祭天、祭地时，皇帝会提前一天在此阅读祭文，或查验种子、农具。清代每七年纂修一次皇家家谱（玉牒）。纂修工作完毕后，就会在中和殿上举行仪式，送呈皇帝审阅。

中和殿是前朝三大殿中体量最小的建筑，它位于太和殿与保和殿之间，巧妙地起到了过渡作用，避免了建筑外观的单调和重复，且有利于形成皇帝的私密空间。建筑整体表现为精巧、高雅之美。

中和殿

保和殿

保和殿始建于 1420 年，后历经数次火灾，现存为 1597 年（明万历二十五年）的建筑形制。建筑面阔 9 间，进深 5 间，重檐歇山屋顶。

保和殿有着类似于太和殿的雄伟，但为表示对太和殿的谦让，它在高度、面积上都显得较为低俯，甚至屋顶也做成重檐歇山式，比太和殿的重檐庑殿式屋顶级别略低。

保和殿在明代时主要为皇帝更衣处。册立皇后、皇太子时，皇帝亦在此受贺。清代主要是皇帝赐宴外藩、王公及一二品大臣的地方。乾隆及以后，保和殿为殿试场所。由皇帝亲自命题，皇帝还要亲自阅看前十名的卷子。状元就是殿试的第一名。

保和殿在整体上显示出开阔之美。

保和殿

乾清宫

　　乾清宫始建于 1420 年，后数次被火灾焚毁，现存建筑为 1798 年（清嘉庆三年）所建。乾清宫面阔 9 间，进深 5 间，重檐庑殿屋顶。

　　乾清宫是内廷第一座宫殿。明朝的十四个皇帝及清代的顺治、康熙皇帝均以乾清宫为寝宫。

　　乾清宫在整体上显示出端庄、宏大之美。

乾清宫

交泰殿

交泰殿位于乾清宫和坤宁宫之间，殿名取自《易经》中"天地交合、康泰美满"。乾清宫、交泰殿、坤宁宫称"后三宫"，是皇帝的家。后三宫的平面尺寸是三大殿（太和殿、中和殿、保和殿）平面尺寸的微缩版，总体尺寸缩小了1/2，反映出皇帝"化家为国"的思想。

交泰殿建于明嘉靖时期（1522–1566年），是在乾清宫、坤宁宫建完之后，又增加的建筑物。交泰殿平面呈方形，面阔、进深各3间，四角攒尖鎏金宝顶。

交泰殿是皇帝和皇后同房的地方。为什么选这个地方？因为这个地方符合"龙穴"深藏的原则，既位于中轴线上，又藏在最隐蔽之处。皇帝与皇后在此同房，含有天地、阴阳以及宇宙万物于一体的寓意。

交泰殿在整体上显示出秀丽、含蓄及低调之美。

交泰殿

坤宁宫

坤宁宫始建于1420年，后历经两次火灾，于1605年（明万历三十三年）重建。清入关后，于1655年（清顺治十二年）对其进行了改建，现状保存至今。

坤宁宫面阔9间，进深5间，重檐庑殿屋顶。坤宁宫在明代是皇后的寝宫。1655年改建后，成为清代萨满教祭祀的场所。乾清宫、坤宁宫名字源于《道德经》："天得一以清，地得一以宁"。在古代皇后的地位与皇帝相对，是天下女性中最为尊贵的。皇帝是天，皇后就是地；皇帝是乾，皇后就是坤；皇帝的寝宫取名乾清宫，则皇后寝宫取名为坤宁宫。坤宁宫作为皇后的正宫，按道理应该是安康、安宁。但明清五百余年的坤宁宫中，皇帝们的首任皇后结局都很悲惨，或过早离世，或无过被废，或没有子嗣，或年轻寡居，实为怪象。坤宁宫的东稍间是皇帝大婚的洞房。皇帝大婚时要在这里住两天，之后再住在其他宫殿。如果先结婚后当皇帝，就不能享受这种待遇了。

坤宁宫给人以优雅、大气之感受。

坤宁宫

钦安殿

钦安殿面阔 5 间，进深 3 间，重檐盝顶（盝顶是中国古代传统建筑的一种屋顶样式，顶部有四个正脊围成为平顶，下接庑殿顶），正中安装有 3.5 米高的铜胎鎏金宝瓶。

钦安殿是位于紫禁城中轴线上的唯一——座道教建筑。之所以选这么一座建筑放在如此重要的位置，有一个重要原因是，里面供奉了道教中的水神——玄天上帝（真武大帝），皇帝希望通过水神来保佑故宫免受火灾之苦。明清两朝都有玄天上帝显灵的传说。明朝嘉靖初年，乾清宫发生火灾，传说称，玄天上帝竟然从殿堂中走出来，站在钦安殿门外指挥救火。火灭后，人们在殿外石头台阶上看到了两个巨人脚印。清代，传说康熙年间太和殿遭遇火灾，真武大帝走出殿门，站在台阶上，向失火的方向一挥手，火就熄灭了。当然，这都是迷信。

钦安殿给人以神秘、玄幻之美感。

钦安殿

神武门

神武门是故宫的北门，原名玄武门，取古代"四神"中的玄武，代表北方之意，后因避讳康熙皇帝玄烨而改名神武门。

神武门建于1420年，建筑面阔5间，进深3间，重檐庑殿屋顶。神武门旧时设钟、鼓，由銮仪卫负责管理，钦天监（官职名，负责天象和历法）指示更点，每天一名博士（官职名）轮值，指示更点。每天黄昏后鸣钟108响，钟后敲鼓起更。一夜分五更，每更约2小时。每到一个更次，则由旗鼓手鸣鼓，直到第二天早上，五更已尽，再鸣晨钟，亦108响，所以古有"晨钟暮鼓"之说。但皇帝住在宫中时，规定神武门不再鸣钟。清代皇帝选秀女时，神武门是八旗秀女领进和带出宫廷所必经的皇城大门。这种严格的选秀女活动，由户部主管，每3年一次。备选的秀女，坐在具有特定标志的车上，从神武门夹道出东华门，再由崇文门大街一直向北，绕道地安门，再回到神武门。

神武门在总体上显示出威武、高大之美。

神武门